AF457164

Tb13
131

CONTRIBUTION A L'HISTOIRE NATURELLE DE L'HOMME

LES TSIAMS

ET LES

SAUVAGES BRUNS DE L'INDO-CHINE

ETHNOGRAPHIE ET ANTHROPOLOGIE

BIBLIOTHÈQUE NATIONALE R.F. IMPRIMÉS

PAR

Alfred REYNAUD,

Docteur en médecine de la Faculté de Paris,
Médecin de la marine.

PARIS
A PARENT, IMPRIMEUR DE LA FACULTÉ DE MEDECINE
RUE MONSIEUR-LE-PRINCE, 29 ET 31

1880

8° Lk 9 131

CONTRIBUTION A L'HISTOIRE NATURELLE DE L'HOMME

LES TSIAMS

ET LES

SAUVAGES BRUNS DE L'INDO-CHINE

« Tandis qu'on retarde indéfiniment
« l'étude des questions d'origine, les
« races sauvages tendent à disparaître. »
JEANNEAU, Manuel de langue
cambodgienne, Saigon, 1870.

Les Tsiams sont, dans l'Indo-Chine méridionale, comme les noirs dans l'Inde, comme les Aïnos au Japon, la population la plus ancienne à la fois et la plus oubliée. Ils sont en effet, d'après les écrivains spéciaux, les plus anciens maîtres du sol aujourd'hui occupé par les Annamites, et ils possédaient, même avant les Cambodgiens, les embouchures du Mékong.

En dehors de quelques données historiques que je relaterai dans l'intérêt de ce sujet peu connu, leur passé est profondément obscur. Aujourd'hui dispersés et très peu nombreux, les Tsiams ont une langue que nul Européen ne connaît, ils ont des écrits qu'on n'a pas traduits, et, peu de personnes les ayant vus, on ne possède aucun renseignement sur leur type physique.

C'est sur ce dernier point que j'ai pu m'éclairer, ayan été amené par ma profession à habiter huit mois près d'un groupe de Tsiams, le plus réduit des quatre qui existent encore, mais le plus pur, peut-être, de mélanges récents. J'ai pensé qu'il serait curieux de rechercher si les débris actuels du peuple Tsiam peuvent nous apprendre à quelle race il appartenait ; s'il était l'avant-garde des populations mongoliques qui dominent aujourd'hui, s'il était une plus ancienne nation formée par des Malais, qui n'apparaissent sous ce nom que plus tard dans l'histoire, ou s'il était formé par les races noires ou brunes maintenant refoulées et à demi barbares, ou enfin s'il appartenait à quelque autre rameau humain non encore signalé dans cette région.

Les observations que j'ai recueillies dans ce but sont plus minutieuses qu'étendues ; je pense cependant qu'elles permettront d'établir la parenté des Tsiams, et, comme elles sont prises surtout par comparaison avec les races voisines, elles intéressent plusieurs autres questions obscures, notamment celle des populations sauvages et du peuple cambodgien.

Sur ces deux points, en particulier, des savants éminents ont émis, avec une réserve très sage, une théorie historique et anthropologique d'après laquelle les anciens Cambodgiens et une grande partie des sauvages actuels seraient des Indous, des Aryens, des frères de race blanche. Cette théorie a été acceptée comme certaine et vulgarisée, bien qu'elle étonne beaucoup tous ceux qui voient de près Cambodgiens et sauvages. En attendant que les personnes compétentes présentent leurs objections au point de vue historique, je crois pouvoir, à la fin de cette étude, montrer qu'au point de vue anthropologique, un grand nombre de faits s'opposent à cette hypothèse.

Cette courte étude se divise en trois parties :

1° Données historiques (d'après les écrivains spéciaux) sur l'ancien peuple Tsiam, son état actuel ;

2° Caractères anthropologiques sur le vivant ;

3° Connexions et différences de race avec les peuples voisins.

PREMIÈRE PARTIE

DONNÉES HISTORIQUES SUR L'ANCIEN PEUPLE TSIAM

Les renseignements qui suivent sont tirés des écrivains spéciaux (Bouillevaux (1), Legrand de la Liraye (2), Garnier (3), Janneau (4), P. Truong-Vinh-Ky (5). J'ai seulement introduit çà et là quelques remarques, et si je commets, dans cette partie, quelques interprétations hasardées, je m'en consolerai par l'espoir qu'elles susciteront des contradicteurs et que leurs travaux éclairciront ces questions obscures.

Le pays des Tsiams, appelé Tsiampa par les Annamites, porte le nom de Lin-y (Garnier) dans les vieilles annales chinoises, où il est très anciennement mentionné. Il y est raconté que, vers l'an 1109 avant Jésus-Christ, des ambassadeurs d'une contrée méridionale, étant venus pour saluer l'empereur de Chine, celui-ci leur donna, pour retourner chez eux, cinq chariots qui avaient la propriété de marquer toujours le sud. En allant dans cette direction, ils parvinrent au bord de la mer sur les côtes du Lin-y, et les sui-

(1) Bouillevaux. Voyage dans l'Indo-Chine. Paris, 1858.

(2) Legrand de la Liraye. Notes historiques sur la nation annamite. Saïgon, 1865.

(3) Garnier. Voyage d'exploration du Mè-Kông.

(4) Janneau. Manuel pratique de langue cambodgienne. Saïgon, 1870.

(5) Truong-Vinh-Ky. Histoire de l'Annam. Saïgon, 1877.

virent pendant quelque temps. Il est impossible, pour cette époque reculée, de savoir quelles étaient les limites de ce pays, ni même si, à l'ouest, dans le bassin du grand fleuve Mékong, les peuples mongoliques avaient déjà constitué les nations sœurs du Laos, de Siam et du Cambodge. « Le Tsiampa occupait, dit Janneau, d'immenses régions, et il était déjà le foyer d'une civilisation très avancée, lorsque l'Annam, le Siam et le Cambodge n'étaient que de petits états sans importance. » On peut présumer qu'il occupait tout le littoral depuis le golfe du Tongkin jusqu'aux bouches du Mékong ; au nord, il confinait aux tribus Pé-youé dont faisaient partie les Annamites (Garnier) et sur lesquelles l'influence chinoise remonte à une époque inconnue. Tandis que toutes ces tribus subissaient la domination à peu près permanente de la Chine, le Lin-y, souvent attaqué, maintenait son indépendance, et il fut toujours dans la suite, même au temps du conquérant tartare Koubilaï-kan (1), rebelle aux armes et à l'influence des Chinois. Un des plus anciens récits traduits par Legrand de la Liraye, montre un général chinois, vers l'an 352 de notre ère, luttant dix ans contre les Tsiams, sans succès. Voici l'épître que ce général envoyait à son empereur : « Très loin, en dehors du Giao (*pays annamite soumis*), à plusieurs milliers de *li*, se trouve le Lin-y, dont le chef Phan-hung passe sa vie à faire le brigandage et prend le titre de roi. Ce peuple fait des invasions continuelles chez nous, et, uni à ceux du Pho-nan (*Cambodge*), il forme une multitude immense qui se retire dans les lieux inaccessibles. Au temps des Ngo, ces gens du Lin-y ont fait leur soumission, mais ça n'a été qu'un moyen de plus pour

(1) Pauthier. Histoire de la Chine.

piller les populations. Envoyé chez eux pour les tenir en respect, j'y ai passé plus de dix ans. J'avais avec moi 8,000 hommes qui ont pour la plupart péri de misère et de maladie ; il ne m'en reste plus que 2,400 et quelques. » Ce fragment et tous ceux qui parlent des Tsiams dans les annales chinoises et annamites, ainsi que dans les légendes cambodgiennes, révèlent un peuple plus jaloux de sa liberté que de la possession du sol, vivant de pêche sur le littoral, de chasse dans les bois de l'intérieur, et bien inférieur au Chinois en agriculture et en civilisation.

A l'est et au sud du Tsiampa, une mer facilement navigable par les brises régulières des moussons, les séparait des îles malaises, et il est permis de penser que, dès avant notre ère, les Tsiams eurent des relations avec les habitants de ces îles déjà sortis de l'état de dispersion ou de barbarie. On pense, en effet, (Dulaurier, cité par Tugault, (1), que, plusieurs siècles avant Jésus-Christ, et avant toute émigration indienne, Java devint le foyer et le point de départ d'une civilisation et d'une langue qui rayonnèrent fort loin. Or, nous verrons qu'on a remarqué entre les Tsiams et les Malais des affinités de langage (Morice (2), Aymonier) et des affinités d'écriture (Aymonier) (3) avec les Javanais.

Au sud et à l'ouest, les Tsiams occupaient primitivement les embouchures du Mékong. Leurs voisins en ce point étaient les habitants de la vallée du fleuve et des rives du grand lac du Cambodge chez lesquels, un ou deux siècles avant Jésus-Christ, les religions de l'Inde furent introduites par quelques émigrants qui réunirent en nation ces

(1) Tugault. Grammaire de la langue malaye. Paris, 1868.
(2) Morice. Voyage en Cochinchine. Lyon, 1876.
(3) Voir page 22.

peuplades à demi barbares et en firent un centre d'extension guerrière et civilisatrice. Pendant les six ou sept siècles que dura cette phase glorieuse du Cambodge, les Khmers furent pour les Tsiams des voisins très redoutables, mais ils leur apportèrent des éléments puissants de civilisation, la religion et probablement l'écriture. Ces Khmers eurent des rois conquérants, et, dans ce pays qui ne connaissait que les huttes en bois, ils construisirent, en briques et en grès, une splendide capitale et ces temples gigantesques auxquels la dimension des grandes lignes, la multiplicité des étages et des tours, la représentation partout répétée des dieux, des hommes et des animaux, donnent un caractère d'originalité grandiose et de vie puissante.

Lorsque commença cette extension du Cambodge, les Tsiams occupaient encore ce qui est aujourd'hui la Basse-Cochinchine, et ce ne fut que plus tard, vers le huitième siècle, que les Khmers s'y installèrent définitivement, du consentement des Tsiams. La légende dit, en effet, qu'un grand nombre de Cambodgiens émigrèrent au sud et s'y placèrent sous l'autorité des Tsiams.

Les deux peuples n'étaient séparés que par quelques journées de marche, à pied, ou à éléphant, et de continuelles relations existèrent entre eux. Les missionnaires catholiques ont trouvé, chez les sauvages qui habitent encore les régions montagneuses intermédiaires, des objets de métal et des statues de pierre qui paraissent avoir été perdus ou oubliés sur la route d'un pays à l'autre. Ces sauvages, dont nous ferons bientôt l'étude, paraissent avoir existé là de tous temps, et, selon nous, être entrés pour une très grande part dans le sang des peuples Tsiam et Cambodgien. Ces derniers les prennent souvent encore pour esclaves. Tantôt en paix, tantôt en guerre, il arrivait au plus faible de faire sa soumission à la Chine pour réclamer aide contre son voisin ; d'autres fois, au contraire, comme le montre l'épître citée plus haut, ils s'unissaient pour repousser l'immixtion chinoise, qui semble leur avoir été toujours odieuse. Jamais la conquête d'un pays sur l'autre ne fut définitive. Seuls, les Annamites, peuple agriculteur qui ne lâche plus une parcelle de terre après l'avoir acquise par la ruse ou par les armes, devait, après de longs siècles, faire disparaître la nation tsiam.

Au temps des rois conquérants, dit une légende cambodgienne, le Tsiampa fut entièrement soumis ; mais un étranger, ancien berger, serviteur à la cour du roi du Cambodge, s'échappa et réussit à se forger une épée merveilleuse à laquelle rien ne résistait ; il devint roi des Tsiams et affranchit le Tsiampa. Aujourd'hui cette fameuse épée, que les Tsiams disent avoir été celle d'un de leurs rois nommé Pophimesan, serait entre les mains du *roi du feu*, de la tribu de ces Giaraï dont la langue, d'après le P. Fontaine interrogé par Mouhot (1), est assez peu différente de la leur pour qu'ils se comprennent très bien. Ce roi aurait porté la guerre très loin dans le nord du Tsiampa pour reconquérir son pays d'origine, et les récits chinois qui le nomment Phan-ouen lui attribuent une armée fabuleuse de 50,000 éléphants. Après sa mort, la puissance du Tsiampa se maintint malgré une incursion de Chinois qui détruisirent, suivant leurs historiens, cinquante forteresses.

Malgré les rivalités de race, la civilisation cambodgienne s'étendit sûrement sur le Tsiampa ; le bouddhisme y fut

(1) Tour du monde, 1863.

introduit. C'était, dit Janneau, « un bouddhisme particulier, analogue au culte djaïn des Banyans de Bombay. » Si cela est exact, on peut se demander s'il y avait au Cambodge et au Tsiampa, dans ces deux pays si voisins, deux formes différentes de bouddhisme, et s'il faudrait croire que chacune d'elles a été isolément importée de l'Inde. Mais cette opinion se buterait à deux obstacles : d'abord, les deux pays se touchaient ; ensuite, les monuments religieux qu'ils ont laissés, du moins ceux qu'on connaît, sont semblables. Les monuments situés près de Bassac et que les Laotiens attribuent aux Tsiams (Garnier) n'ont pas été trouvés différents de ceux d'Angcor, et nous-même avons vu, au centre de l'ancien pays tsiam (à Thi naï, sur le littoral de la province annamite de Binh-dinh), des tours en briques à toits étagés, semblables à celles des Khmers, faites pour contenir une énorme statue de Bouddha, et présentant dans l'ornementation extérieure des statues en grès des divinités brahmaniques, notamment de Ganessa, le dieu protecteur à tête d'éléphant. Or, si le djaïnisme, sorte d'hérésie du bouddhisme retournant au brahmanisme, vénère en même temps que Bouddha un grand nombre de divinités de l'olympe indien, on voit au Cambodge ces mêmes dieux représentés dans des édifices qui paraissent élevés surtout à la gloire de Bouddha. Il semblerait donc plus probable que les deux peuples ont adopté à peu près en même temps la même religion. Ils avaient d'ailleurs sensiblement les mêmes coutumes et la même manière de vivre. Les historiens chinois du VIIe siècle disent : « Les lois et les mœurs sont semblables. Tous les matins ils font des ablutions et se nettoient les dents avec un rameau de young-tche. Deux ou trois familles se réunissent pour creuser en commun une mare ;

on s'y baigne sans distinction de sexe ; on se contente de cacher avec la main, en entrant dans l'eau, ce que la pudeur défend de laisser voir. » La coutume indienne de brûler les corps se répandit aussi, du moins dans les familles nobles ; le vulgaire continua à enterrer les morts, comme font la plupart des sauvages et les Tsiams actuels. Vers 1321, on brûlait la veuve sur le bûcher de son mari.

Cette date donne à penser que ce fut seulement au commencement du xve siècle que la religion de Mahomet s'introduisit au Tsiampa, importée par les Malais, et, plus probablement, par les Javanais, convertis eux-mêmes vers 1400.

En même temps qu'elle les isolait de leurs voisins bouddhistes, cette révolution religieuse fut, sans doute, pour les Tsiams une cause de désorganisation intérieure, et, à partir de cette époque, la conquête annamite fit des progrès rapides et définitifs. Si l'on admet, comme je chercherai à l'établir, que le peuple Tsiam n'était pas homogène, qu'à une majorité semblable aux sauvages noirs actuels, se mêlaient des familles d'une race supérieure, il paraîtra plus vraisemblable que la religion du Coran, un peu abstraite, austère et hautaine, n'ait eu que peu de succès, comme dans l'Inde d'ailleurs, chez ces hommes de race brune, naïfs et très doux ; elle ne développa point chez eux l'ardeur guerrière, comme elle le fit chez les Arabes, les Mongols et même les nègres d'Afrique.

Les seuls ennemis persévérants des Tsiams, et finalement leurs vainqueurs, ce sont les Annamites qui occupent aujourd'hui tout le territoire qu'avait le Tsiampa au moment de sa plus grande extension. La lutte qui débuta avant notre ère s'est terminée, il y a un siècle, par la dispersion des Tsiams.

Sortis, pense-t-on (Legrand de la Liraye, Garnier), des tribus Pé-Youé ou Ba Viet qui habitaient les montagnes au nord du Tongkin, les Annamites, très anciennement et souvent dans la suite soumis aux Chinois, administrés et civilisés par eux, se sont sans cesse avancés vers le sud en suivant le littoral de l'Océan et en forçant les Tsiams à rétrograder. On trouve dans les ouvrages cités plus haut les renseignements suivants sur cette longue lutte :

Vers 352 de Jésus-Christ, le gouverneur annamite pour le compte de la Chine réclame du renfort contre les Tsiams.

399. Un roi tsiam, Phan-dzeuong-mai, vainqueur des Annamites, ose en demander le gouvernement à l'empereur de Chine, qui considéra cette demande comme une insulte et s'en vengea par les armes.

605. Une forte expédition chinoise bat le roi Phan-chi, détruit la capitale du Lin-y et y trouve dix-huit statues d'or des rois précédents ; mais l'armée victorieuse est presque détruite par les maladies.

720. Les Tsiams n'ont plus le Tongkin ; leur capitale est par 17°,10 de latitude N., sur le littoral.

979. Un roi Ba-mi arme mille galères pour aller attaquer la capitale de l'Annam ; sa flotte est dispersée par la tempête ; son successeur se fait battre par les Annamites, voit sa capitale rasée, ses trésors et ses cent femmes prises par le vainqueur.

1280. Koubilaï-kan, le grand empereur fondateur de la première dynastie tartare en Chine, se déclare suzerain du Tsiampa et envoie des fonctionnaires pour l'administrer. Le roi tsiam emprisonne les fonctionnaires et résiste aux armées de l'empereur.

1377. Les Tsiams arment en guerre de nombreuses jonques, avec lesquelles ils vont attaquer les principales villes annamites situées comme aujourd'hui sur le littoral. En 1377, ils remportent une victoire complète. Néanmoins ils ont rétrogradé, et les Annamites possèdent déjà deux provinces enlevées aux Tsiams.

1570. Le territoire tsiam se trouve notablement réduit; la capitale est bien plus au sud, à Phanri, par 11°,11' de latitude nord; les Annamites possèdent définitivement le pays au nord du 14e ou du 15e parallèle ; un de leurs chefs reçoit en apanage héréditaire le pays conquis ; ses descendants, qui se déclarèrent indépendants du roi annamite régnant au Tongkin, sont les ancêtres de celui qui règne aujourd'hui sur tout l'Annam.

1740. Les Tsiams réduits à un nombre très faible, cent mille, peut-être, sont complètement subjugués. Quelques-uns, les plus attachés au sol, y restèrent sous la domination des vainqueurs qui leur firent des conditions assez douces et utilisèrent leurs aptitudes guerrières dans leurs luttes avec le Cambodge. En effet, le Tsiampa disparu, les Annamites se rencontrèrent avec les Cambodgiens, et, les mêmes raisons, organisation supérieure, esprit agricole, qui les avaient amenés à supplanter les Tsiams, devaient les faire triompher des Cambodgiens. Les Tsiams soumis furent pour eux d'excellents soldats.

Mais tous ne consentirent pas à vivre avec les vainqueurs ; un grand nombre se retira dans les régions forestières peu habitées, entre le Cambodge et l'Annam. D'autres enfin s'unirent aux Malais, leurs coreligionnaires, qui habitent le Cambodge et y sont restés depuis.

ÉTAT ACTUEL DES TSIAMS.

Aujourd'hui les débris du peuple tsiam forment quatre groupes : 1° ceux qui sont restés dans leur ancien pays qui est la province annamite du Binh-Thuan ; 2° ceux qui habitent le Cambodge, unis aux Malais ; 3° une fraction de ces derniers qui est venue, il y a 22 ans, se fixer sur le territoire annamite de la basse Cochinchine, à Chaudoc ; 4° ceux qui habitent sur la frontière commune des deux pays ; ce sont les Tsiams des environs de Tay-Ninh, les seuls que nous ayons observés. Voici quelques renseignements sur les autres.

I. *Tsiams du Binh-Thuan.* — Ceux-ci sont restés attachés à la dernière parcelle de territoire que leur aient laissée les vainqueurs ; c'est là qu'était leur dernière capitale, Phanri, sur le littoral. Ils y vivent par villages et communes, sous la dépendance des mandarins de la province, au même titre que les Annamites ; ils forment, m'a-t-on dit, deux cantons de plusieurs villages chacun. On trouverait sans doute chez eux d'utiles renseignements sur leur religion et leur langue, des ruines, peut-être des inscriptions ; et l'examen de leur type physique serait de la plus grande utilité. Malheureusement, un seul Français, que ces questions intéressaient peu, a eu accès dans ce pays fermé ; il m'a appris que les Hoï, ou Loï, c'est le nom que leur donnent les Annamites, ont un teint noir peu foncé, et qu'ils sont grands, sveltes, avec des traits nullement mongoliques.

R.F. IMPRIMÉS

II. *Tsiams du Cambodge.* — D'après M. Aymonier, représentant du protectorat français au Cambodge, qui a bien voulu me renseigner sur ce point, les Tsiams, unis aux Malais, forment, au Cambodge, une population de 25 à 30,000 individus. Ils s'allient entre eux ; néanmoins les Tsiams restés distincts comptent pour les deux tiers de ce nombre, ce qui montre que les alliances ne sont pas encore d'une date fort ancienne. « Ils gardent le souvenir, dit Janneau, de nombreuses traditions relatives à leur histoire et à la généalogie de leurs anciens rois. » Ils savent que les Tsiams de Tay-Ninh et du Binh-Thuan sont de même race qu'eux ; et l'on trouve encore chez eux et à Chaudoc des individus « qui passent aux yeux de leurs coreligionnaires pour descendants d'anciennes familles royales ou princières du Tsiampa. Ils sont entourés, à ce titre, d'une certaine considération, et les autres Tsiams les désignent en faisant précéder leur nom de mots tels que po, chay, qui signifient dans leur langue roi, prince, altesse. »

Tsiams de Chaudoc. — Ils sont peu nombreux et unis à des Malais avec lesquels ils ont émigré du Cambodge, il y a 22 ans, pour fuir les exactions des mandarins. Mouhot (1) a décrit leur misère et leur fuite. « Le mandarin de Pemptielan, exécutant ou dépassant les ordres de son maître, le roi du Cambodge, tenait ces malheureux dans un esclavage et sous une oppression tels, qu'ils tentèrent de soulever leur joug. Privés de leurs instruments de pêche et de culture, sans argent, sans vivres, ils étaient abandonnés à une misère si affreuse, que beaucoup d'entre eux mou-

(1) Mouhot. Voyage dans les royaumes de Siam, du Cambodge, de Laos, etc. In Tour du Monde, 1863.

rurent de faim. Ces malheureux, au nombre de plusieurs milliers, et sous la conduite d'un de leurs chefs dont la tête était mise à prix et qui était revenu secrètement de l'Annam, se levèrent en masse ; ceux des environs de Pnom-Penh remontèrent jusqu'à Udong, pour protéger la fuite de leurs compatriotes établis sur ce point, puis une fois réunis, ils descendirent le fleuve et passèrent en Cochinchine. Le roi donna des ordres pour arrêter la marche des Thiâmes, mais toute la population cambodgienne, mandarins en tête, s'était enfuie dans les bois, à la seule nouvelle du soulèvement. Outre l'intérêt que les malheurs de ce peuple inspirent, leur conduite, quand tout fuyait devant eux et que Udong, Pinhalu et Pnom-Penh étaient sans un seul défenseur, fut des plus nobles. « Nous n'en voulons pas au peuple, disaient-ils sur leur passage, qu'on nous laisse partir et nous respecterons les propriétés, mais nous massacrerons quiconque cherchera à s'opposer à notre fuite. » Et de fait, ils ne touchèrent pas même à une seule des larges embarcations qui étaient amarrées sans gardiens près des marchés, et s'abandonnèrent au fleuve dans leurs étroites et misérables pirogues. » Ils s'arrêtèrent très peu au delà de la frontière, chez les Annamites, qui les reçurent sans conditions sur le territoire de Chaudoc, aujourd'hui administré par les Français.

Tsiams de Tay-Ninh.—Intermédiaires par leur position géographique à ceux du Binh-Thuan et à ceux du Cambodge, ils sont un débris de ceux qui, fuyant la domination annamite, se sont réfugiés dans les forêts presque inhabitées pour y vivre indépendants. Actuellement ils sont englobés en partie dans un canton annamite de la Cochinchine française, sur la frontière du Cambodge. Ceux qui sont restés à Tay-Ninh ne forment que deux villages et pas plus de cent familles. Ils vivent sous notre protection, en paix avec leurs voisins annamites et cambodgiens, tout en conservant un certain air de fierté dont se moquent les Annamites. Un des leurs, qu'ils regardent comme leur chef, sert au besoin d'intermédiaire avec l'autorité française, laquelle les laisse vivre à leur guise et leur permet d'avoir des armes à feu pour la chasse, leur grande passion. Ils n'ont pourtant pas abandonné leur grande arbalète à longue flèche et s'en servent encore même contre l'éléphant.

Les deux villages tsiams de Tay-Ninh, sont comme ceux des sauvages noirs, sur pilotis, bien qu'au milieu des bois, et entourés d'un rideau de grands bambous incultes qui les cache aux yeux. Un intervalle d'un mètre cinquante centimètres, au moins, sépare du sol le plancher de la case. Ces cases sont rectangulaires, avec un toit en paille à double pente, et construites entièrement en bois et en bambous mal joints, en sorte qu'elles ressemblent plus à de grandes cages qu'à des maisons. Elles n'ont qu'une ouverture, qui est barrée le soir en même temps on retire l'échelle qui va du plancher au sol. Ainsi fermée, la famille tsiam se sent à l'abri des animaux féroces ; les buffles sont enfermés dans un rectangle de grosses claies en bois, à portée de fusil, dans le cas où le tigre viendrait ; les porcs, les chèvres, sont sous le plancher, entre les poteaux de la case ; les poules sont nichées dans les touffes de bambous, et des chiens maigres gardent la porte. On allume alors la mèche de coton qui trempe dans une coupe pleine d'huile, et toute la famille mange le riz du soir que la grand'mère a fait cuire, dans une marmite de cuivre, sur un petit fourneau de terre.

La vie de famille est tout à fait patriarcale ; pour les enfants, la garde des bêtes ; pour la grande sœur, la garde des plus petits ; pour la grand'mère, la propreté de la maison et le soin du feu ; pour la femme jeune et forte, les travaux champêtres, le transport et la vente au marché annamite des menus produits ; pour l'homme enfin, les travaux pénibles, la coupe des arbres (à Tay-Ninh ils sont tous bûcherons), mais surtout la chasse.

Leur costume est à peu près celui des Malais. Les femmes portent, comme au Cambodge, comme dans l'Inde, en Malaisie et en Polynésie, une pièce d'étoffe enroulée et nouée à la taille, au-dessus ou au-dessous des seins, et tombant jusqu'à la cheville. Mais par-dessus elles mettent constamment un vêtement d'une coupe qui leur est spéciale ; c'est une sorte de chemise de femme avec des manches étroites, échancrée au cou et fendue devant jusqu'au niveau des seins, dessinant en outre très bien la taille, pour s'élargir au-dessous et descendre jusqu'au mollet. Elles se coiffent en relevant leurs cheveux sur le sommet de la tête, mais sans s'astreindre, comme l'universalité des Annamites hommes et femmes, à faire toujours et absolument la même forme de chignon. Les jeunes filles aiment la parure et y apportent plus de variété que les Annamites ; leur ornement d'oreille n'est pas une sorte de clou d'or ou d'ambre, comme chez ces dernières, mais un anneau en forme de pendant, comme chez nous ; quelquefois, comme les sauvages noirs, elles portent des colliers de verroterie. Leur démarche est légère et gracieuse ; Morice avait déjà remarqué la courbe flexible de leur dos et la saillie notable de leur bassin. Elles aiment à aller les bras pendants et portent leur enfant tout nu à cheval sur la hanche.

Au moral il y a des différences très saisissables entre

eux et les Annamites. Ils ne sont ni poltrons ni dissimulés; dans leur regard, leur geste et leur démarche, ils ont un calme viril, et non, comme leurs voisins, un abandon puéril ou une gravité affectée. Leurs femmes, qu'ils laissent très libres, n'en abusent pas. D'ailleurs, les deux peuples ne se fréquentent qu'au marché ; les Tsiams se tiennent dans leur village et ne viennent jamais prendre part aux petites fêtes et réjouissances des Annamites.

Langue; écriture. — La langue des Tsiams est polysyllabique et recto tono. Morice a fourni un court vocabulaire de mots usuels de cette langue et mis en regard les mots correspondants du dialecte des Stiengs, qui s'en rapproche parfois. Plus semblable serait le dialecte des sauvages Giaraï; d'après le témoignage des Stiengs interrogés par Mouhot, « les Thiâmes comprennent très bien les Giaraï. »

« D'après Janneau, il existerait, « outre des traductions du Coran ou des formules de prières musulmanes, des annales du Tsiampa écrites en langue cham et des inscriptions et autres documents plus anciens en langue et en caractères *beni*, que les Chams disent être la langue sacrée du Tsiampa, mais qu'ils ne peuvent plus déchiffrer aujourd'hui, ou dont la connaissance est restreinte à un petit nombre d'individus, ainsi qu'il arrive pour le *pali* chez les Cambodgiens. »

Ils se servent encore actuellement d'une écriture spéciale à leur langue et qui « tient le milieu, nous a écrit M. Aymonier, orientaliste distingué, entre l'écriture du cambodgien et celle du javanais ».

Religion. — Leur religion actuelle est le mahométisme de la secte d'Ali, mais anciennement « la religion du Tsiampa, dit Janneau, était un bouddhisme particulier, analogue au culte djaïn des Bangans de Bombay ».

DEUXIÈME PARTIE.

CARACTÈRES ANTHROPOLOGIQUES SUR LE VIVANT.

Dans cette partie je donnerai d'abord les caractères qui distinguent les Tsiams de leurs voisins de souche mongolique, puis ceux qui dévoilent chez eux trois types différents et je ferai la description de ces trois types.

Caractères communs à la majorité des Tsiams et les distinguant de leurs voisins.

Celui qui est habitué à l'aspect de la population annamite, très homogène dans son teint cannelle clair et dans sa petite taille, est tout d'abord frappé, quand il aperçoit un groupe d'hommes et de femmes tsiams, de la différence de stature et de coloration qu'ils ont avec les Annamites et surtout de la variabilité extrême de ces deux caractères d'un individu à l'autre. Il dira que les Tsiams, très différents entre eux, sont, en somme, plus grands et plus noirs ; mais un examen attentif et prolongé lui révélera bien d'autres particularités que je vais exposer avec méthode.

Taille. — Beaucoup d'hommes, on peut dire le plus grand nombre, ont une taille élevée pour des Indo-Chinois. Elle est d'environ 1 m. 67, de très peu supérieure à celle de leurs voisins les Cambodgiens (que j'estime à 1 m. 65), notablement plus élevée que celle des Annamites, qui est de 1 m. 59. La minorité a à peu près la taille de ces derniers.

— Femmes : la différence de taille entre elles et les hommes est plus grande que chez les Annamites et elles se partagent aussi en deux groupes inégaux, le moins nombreux ayant une taille plus petite que celle des femmes annamites.

Coloration de la peau. — C'est pour ce caractère, bien plus encore que pour la taille, que le contraste est grand d'un individu à l'autre. Après les avoir longtemps observés, je les rangerai ainsi qu'il suit, d'après ce caractère et par ordre de fréquence décroissante :

1° Brun foncé, malais (n° 36.37 de l'échelle chromatique). Instruction anthropologiques générales. Paris 1879 ;

2° Brun plus foncé, moï (42-43) ;

3° Blanc jaune hâlé (40-47) ;

4° Jaune rougeâtre foncé, cambodgien (29-30).

A la coloration la plus fréquante j'ajoute le terme de malais, parce que c'est à peu près celle de la plupart des Malais établis en Indo-Chine ; à la seconde j'ajoute celle de moï, parce qu'elle se rapproche beaucoup de celle des sauvages noirs appelés Moïs par les Annamites ; enfin, j'ai qualifié la dernière de cambodgienne, parce qu'elle est commune dans cette race.

Plusieurs particularités remarquables sont à noter :

La coloration blanc hâlé n'a pas son analogue autour d'elle.

Le teint jaune mat des Annamites et des Chinois est inconnu chez les Tsiams.

Quelques femmes ont un teint d'une blancheur presque européenne, bien plus semblable au nôtre que celui des Annamites les plus blanches.

Les enfants, qui vont tout nus, offrent quelques exemples de hâle rougeâtre à la nuque et au dos. Le hâle des parties découvertes sur les individus à peau claire a un ton terreux plus foncé que celui des parties couvertes.

Autres caractères de la peau.—Thorel, le premier, a remarqué que les Indo-Chinois à traits mongoliques ont la peau épaisse. Cette remarque est très juste : les Annamites, comparés aux Tsiams, ont la peau plus épaisse sur le corps et la figure ; mais aux mains et aux pieds les Tsiams ont les parties molles un peu moins amaigries. Chez les individus les plus noirs, la peau n'a jamais l'aspect luisant de celle des nègres ; parfois, au contraire, elle semble couverte d'un fin duvet ; je l'ai constaté surtout sur les enfants.

Système pileux. Cheveux. — On est frappé de plusieurs caractères différentiels quand on observe une foule mêlée de têtes tsiams et annamites. Sur les têtes annamites, les cheveux sont plus noirs, plus lisses, gros et lourds ; le vent les dérange fort peu, et les mèches mal retenues retombent droit ; sur les têtes tsiams, ils sont souvent mais non toujours noirs, et, comme chez nous, le vent les dérange facilement et les fait voltiger autour du visage, car ils sont bien plus fins et légers ; ils paraissent aussi plus abondants. Leur insertion autour du front découvre peu le haut des tempes et forme une ligne généralement concave.

La grande majorité les a aussi noirs que les Annamites, mais quelques-uns ont des teintes relativement claires, et cela dans toute l'étendue et dans toute la profondeur de la chevelure. Ce n'est pas une décoloration par le soleil comme il arrive pour les mèches superficielles de quelques enfants annamites. Beaucoup d'enfants tsiams ont les cheveux moins foncés que les adultes. En somme, les quelques chevelures un peu claires disséminées dans la masse font un contraste frappant avec celles toujours très noires de tous les Annamites, Chinois, Cambodgiens et Malais ; quelques unes atteignent la couleur châtaine, mais je n'en ai jamais vu de vraiment blondes sur des adultes.

Très généralement les cheveux sont droits, quelquefois seulement ils sont ondulés par grosses mèches souples, ce qui n'arrive jamais chez les races jaunes voisines.

Sourcils. —Ils sont plus touffus à l'extrémité interne que chez les Chinois et les Annamites, plus rapprochés aussi l'un de l'autre. Comme chez nous, leur forme serait plutôt représentée par une virgule horizontale, tandis qu'un arc représente mieux celui des Chinois et des Annamites.

Barbes — Le visage des hommes paraît aussi glabre que chez leurs voisins ; cependant ils ont un peu de moustache comme les Annamites, mais, tandis qu'il faut vivre au milieu de ces derniers pendant un an pour rencontrer un homme ayant du poil aux joues, on voit quelquefois des Tsiams en être pourvus, et Janneau dit qu'on trouve à Baria (ancien pays tsiam) des hommes ayant une barbe noire fournie et frisée.

Le corps et les membres ont fort peu de poils ; souvent, cependant, les hommes en ont un peu sur le devant de la poitrine. En somme, les différences du système pileux portent surtout sur les cheveux, qui sont moins noirs, abondants, légers et souples.

Formes du corps et des membres. La forme générale du corps est bien plus svelte que chez les Annamites. Les membres sont plus grêles, le tronc est plus souple, la taille mieux dessinée. Vue de profil, la ligne dorsale accuse les mêmes courbes que chez les Européens, tandis que le dos de l'Annamite semble dressé au fil à plomb. Les rapports de dimensions et de volume des épaules, de la tête et du cou sont tels, que nous les trouvons en harmonie, tandis que la grosse tête des Annamites nous paraît trop volumineuse sur un cou trop grêle. Ces différences sont encore plus évidentes dans l'enfance que dans l'âge adulte, et deux enfants, tsiam et annamite, placés l'un à côté de l'autre, font un contraste évident; ce dernier a la tête très grosse, le cou étroit et court, le dos, les reins et les fesses presque plats et sur la même ligne que la nuque, l'autre montre bien évidentes la concavité lombaire, la saillie du bassin, celle des épaules et la gouttière dorsale.

Ces différences de taille, de teint, de chevelure et de forme générale, ainsi que quelques-unes de la face, comme l'œil droit et le nez moins large, sont les seules qui puissent être données comme caractérisant la majorité des Tsiams, comparés à leurs voisins. Pour entrer dans plus de détails, il faut, sous peine de confusion, décrire séparément chacun des trois types différents qu'un examen un peu attentif révèle dans la population tsiam. Il est évident que, dans une agglomération aussi peu nombreuse, chacun de ces types n'est représenté à peu près pur que par un très petit nombre d'individus, et que la grande masse offre des caractères mêlés; aussi ne peut-on les isoler que par une opération de l'esprit semblable à celle qui, en France, permet de distinguer les individus du type kymri de ceux du type celte.

Obligé de donner un nom à chacun de ces trois types, je les appellerai type moï, type malais et type sous-caucasique. Si l'on veut bien admettre provisoirement cette division, je dirai tout d'abord, pour fixer l'esprit, quelle proportion relative j'attribue à chacun de ces types, chez les Tsiams de Tay-ninh. Ce serait à peu près la suivante :

Individus offrant des caractères mêlés, 40 sur 100 environ.

Individus appartenant au type moï, 30.

Individus appartenant au type malais, 15,

Individus appartenant au type sous-caucasique, 15.

Ces proportions approximatives peuvent être évidemment bien différentes chez les Tsiams du Binh-thuan, de Chaudoc et du Cambodge, mais ici comme dans la suite de cette partie, je ne parle que des Tsiams de Tay-ninh, tout en faisant remarquer qu'il y a quelque probabilité pour qu'ils représentent la composition de l'ancienne nation tsiam, mieux que ceux du Cambodge et de Chaudoc.

Caractères particuliers à chaque type.

Type moï. Je le nomme ainsi à cause de la ressemblance complète qu'ont un grand nombre de Tsiams avec les sauvages de ce nom. Moï, qui signifie simplement sauvage, est le terme par lequel les Annamites désignent les hommes noirs qui habitent par tribus les pays montagneux. Eux-mêmes s'appellent Houons, ce qui signifie dans leur langue indépendants; ils vivent en effet sans relations avec les Annamites, dont ils s'éloignent instinctivement. Néanmoins, la nécessité les pousse parfois à se rapprocher pour faire des échanges, et même pour abandonner quelqu'un des leurs comme esclave ou domestique. Ceci arrive notamment dans le district de Bien-hoa; c'est là que nous avons vu plusieurs fois des Moïs, et quand plus tard nous vîmes des Tsiams, la ressemblance de beaucoup d'entre eux avec ces Moïs nous parut évidente.

Les caractères de ce type noir, tel que nous l'avons observé en trois points de la Cochinchine, à Bien-hoa sur les Moïs méridionaux, à Qui-nhon sur des Bannars, et à Tay-ninh sur les Tsiams, sont exactement ceux que M. Thorel attribue aux Sauvages noirs, rattachés par lui au rameau océanien. Dans son voyage d'exploration du Mékong, les Sauvages noirs qu'il observa appartenaient aux tribus du versant ouest de la grande chaîne étendue entre le Mékong et le littoral de la mer de Chine, tandis que ceux que nous avons vus appartiennent aux versants méridional et oriental. Or, ils peuvent être tous de même race, comme le pensent depuis longtemps les missionnaires, et comme l'avait supposé M. Thorel, car, en comparant sa description avec la nôtre, on verra qu'elles concordent dans presque tous les détails, et que nous en avons très peu de nouveaux à mentionner. J'ajouterai seulement, à la fin de ce travail, quelques renseignements sur leurs mœurs, leur état intellectuel et leur manière de vivre, pour montrer combien il est impossible d'admettre que plusieurs de ces tribus, et justement celles qui ont été citées comme telles, appartiennent à la race caucasique et soient des Aryens venus de l'Inde, puis dispersés par les peuples mongoliques.

Les hommes de ce type ont un teint noir (42, 43 de l'échelle chromatique) plus foncé que celui de tous les autres Indo-Chinois, moins noir que celui des nègres, et ayant quelquefois une teinte rougeâtre.

Leur taille est moyenne (environ 1 m. 60). Les formes générales du corps sont grêles et élancées. Cet aspect résulte de la longueur et de la maigreur des membres inférieurs, mais aussi de la forme du tronc, qui est plus cylindrique que chez nous, c'est-à-dire moins large relativement, aux épaules et au bassin ; il est peut-être un peu plus court comparé aux membres inférieurs.

La jambe est haute, les mollets sont peu musclés et placés haut; la cuisse est également peu musclée. L'avant-bras paraît un peu plus long, comparé au bras et au tronc, que dans les races d'Europe; les muscles du bras n'atteignent pas un grand développement.

Le volume du thorax est faible; les courbures de la colonne vertébrale sont les mêmes que chez nous, et bien accusées. Sous ce rapport ils sont plus près de nous que les races jaunes voisines. La convexité dorsale se dessine bien entre les concavités cervicale et lombaire et les épaules font en arrière une saillie convenable de chaque côté de la gouttière dorsale. M. Thorel avait sans doute remarqué que ce caractère manquait aux Annamites, quand il dit qu'ils ont « les épaules effacées ».

L'état de maigreur ne se manifeste point chez eux tout à fait de la même manière que chez nous et que chez leurs voisins, et trahit bien les différences du squelette. Quand l'Européen maigrit sous l'influence de la misère ou de la maladie, les saillies osseuses qui frappent d'abord sont celles de l'épaule, de la clavicule et de la crête iliaque, et ce n'est qu'à un degré de dépérissement très avancé qu'on remarque les saillies osseuses du genou et du coude; ces dernières sont au contraire celles qu'on remarque le plus tôt chez le sauvage noir émacié; l'épaule, attachée à une poitrine plus cylindrique, où le sternum est porté en avant, fait une moindre saillie en dehors, et je croirais aussi volontiers que leur bassin est moins élargi transversalement, ou, tout au moins, a une crête iliaque moins évasée.

Le pied est un peu plus long et moyennement voûté; le talon ne fait guère saillie en arrière; en avant, il n'y a pas d'élargissement au niveau des orteils, comme chez les Malais, ni d'écartement du gros orteil, comme chez tant d'Annamites. Les orteils sont un peu plus longs et non écartés les uns des autres, mais il est à remarquer que le premier est presque constamment plus court que son voisin.

La main est également longue et étroite ; la dernière phalange des doigts est longue et porte un ongle parfois très convexe.

La tête est, d'une manière absolue et relative, moins grosse que chez les Annamites et les Chinois ; la face, particulièrement, a moins de développement dans tous les sens, surtout dans le sens vertical. C'est dans cette partie du corps, puis dans la peau et ses appendices, que s'accumulent les différences les plus caractéristiques de ces races. Nous trouvons ici des oppositions énormes.

Vue de profil, la portion faciale, comparée à la portion crânienne, offre un développement assez faible, bien inférieur à celui de la face des Chinois et des Annamites ; le profil de la face est presque aussi droit que chez les Européens, le front est droit et ne fuit pas au sommet. La courbe de la voûte crânienne ne va pas en s'élevant en arrière comme chez beaucoup de Chinois, elle se continue avec une courbe occipitale peu convexe et moyennement saillante en arrière. Le profil montre encore un menton droit, non fuyant, et une branche montante du maxillaire moins oblique que chez les races jaunes.

Vue en arrière, la tête présente des parties latérales plutôt droites que renflées, et un vertex arrondi, qui n'est jamais relevé en double pente de toiture, comme chez beaucoup de Chinoi .

La voûte crânienne est mésaticéphale ou sous-dolichocéphale ; M. Thorel l'a dit dolichocéphale, mais nous n'avons pas vu une seule tête, ni chez les Tsiams noirs de Tay-ninh, ni chez les Moï de Bien-hoa, qui le fût réellement Elle est régulière, peu ovoïde, peu renflée latéralement, et ne présente ni la forme en toit des Chinois, ni le renflement susauriculaire commun chez les Annamites.

La face est surtout remarquable, comme le fait observer Thorel, par sa grande largeur comparée à la hauteur, au point de paraître quelquefois plus large que haute. Ce renversement des rapports ordinaires tient à la fois au raccourcissement des dimensions verticales et à l'éxagération des transversales. Verticalement, on s'aperçoit que c'est surtout le maxillaire supérieur qui est peu élevé et que, du sourcil à l'intervalle dentaire, la distance est très faible. Transversalement, on trouve que l'élargissement porte sur toute la région massétérine, depuis l'arcade zygomatique jusqu'au bas de la branche horizontale du maxillaire. Cette face si large n'est pas plus plate que celle des caucasiques du type celte, et n'a jamais l'aspect losangique des faces mongoles; ce dernier trait provient du front, qui ne se resserre pas au-dessus des orbites, et du maxillaire inférieur, qui porte une arcade dentaire de même dimension que la supérieure. Aussi ces visages paraissent-ils très singuliers, mais non disgracieux.

Le front est droit, peu élevé, à bosses frontales peu marquées; en haut, il est entouré par les cheveux suivant une courbe à concavité inférieure, en bas il n'a pas de saillies au niveau des sinus frontaux, et la base, d'une apophyse orbitaire à l'autre, est plus rectiligne que dans les races d'Europe, c'est-à-dire que chaque arcade orbitaire semble former une voûte moins forte. Sur la ligne médiane, le front se relie au nez par une chute assez brusque et peu profonde, ou, pour dire autrement, le point supérieur d'où part la ligne dorsale du nez se trouve en arrière et peu au-dessous du point intersourcilier.

La région orbitaire montre, de chaque côté, un sourcil assez long et presque rectiligne, surmontant un globe de l'œil un peu enfoncé, et situé au-dessus de lui dans des rapports tels, que la partie la plus saillante de la cornée est notablement en arrière du sourcil, et peu distante de lui dans le sens vertical.

Cette disposition subrectiligne de la base du front, le point élevé de la naissance du nez, le peu de distance de la pupille au sourcil et le raccourcissement général de la face au-dessous, indiquent une région orbitaire peu élevée et donnent à supposer que les orbites ne sont pas mégasèmes. L'ouverture palpébrale est moyennement large, son axe n'est pas oblique, la paupière supérieure n'est jamais large, lourde, grasse et proéminente comme chez les Mongols, et sa partie interne ne descend pas comme chez eux en bride falciforme, au devant de la caroncule lacrymale.

Le nez est droit dès son origine, c'est-à-dire qu'il ne forme pas à sa naissance une courbe concave ; le lobule terminal est peu distinct. Les ailes du nez sont quelquefois assez fortes et saillantes, mais maigres, jamais lourdes et grasses comme chez les vrais nègres. La sous-cloison s'insère sur la même ligne horizontale que les ailes du nez, et non plus haut, comme chez beaucoup d'Annamites, ou plus bas, comme chez beaucoup d'Européens. La saillie en dehors des ailes du nez et le peu de longueur de la sous-cloison déterminent une ouverture des narines de forme arrondie. Quoique ce nez soit assez court, il ne le paraît point autant que celui des Annamites, parce que la région labiale supérieure est également réduite dans le sens vertical.

Cette lèvre est légèrement charnue et un peu portée en avant; le squelette de cette région comporte un prognathisme sous-nasal assez fort, mais les incisives supérieures et inférieures sont verticales.

La bouche est grande, horizontale, avec des lèvres un peu épaisses mais non retroussées en dehors. Les deux arcades dentaires sont vastes et l'inférieure a le même développement que la supérieure, tandis qu'elle est moindre chez la plupart des Chinois. Les molaires sont peu longues, mais larges, fortement tuberculeuses et presque égales entre elles, tandis que chez nous la dent de sagesse est souvent plus petite. Je n'ai vu qu'une fois la dernière molaire inférieure avoir un cinquième tubercule. La voûte palatine est peu élevée au-dessus du plan de l'intervalle dentaire. Les dents se conservent bien et tombent rarement.

La région du maxillaire inférieur est vaste et carrée sans être osseuse; le menton est moyen et non petit et fuyant; la branche montante n'est guère oblique, et toute la partie postéro-latérale de la face est occupée par un muscle masséter large et épais. La largeur de la région zygomatique et massétérine rend faible la saillie des pommettes.

Les oreilles sont grandes et écartées, quelquefois longues et étroites, bien bordées et à lobule assez développé.

Cet ensemble de traits constitue une physionomie bizarre mais non disgracieuse; si nous voulons lui trouver une expression, nous dirons qu'elle est empreinte de timidité et d'indifférence, mais en réalité elle n'exprime rien; pour eux, en effet, comme pour d'autres races inférieures, ce n'est pas le visage qui est l'interprète ordinaire des sentiments, c'est bien plutôt tout le corps par ses gestes et ses postures diverses. Nous rencontrâmes un jour, sur une route du district de Bien-hoa, un Annamite suivi d'un Moï, son domestique. Ce pauvre sauvage allait derrière, nu, sans rien porter, plus humble qu'un chien; il emboîtait chaque pas du maître comme son ombre même, les épaules tombantes, les bras pendants, le front bas, dans une humilité inconsciente; son visage était admirablement calme, son regard tranquille et très doux; cet être dont tout le corps trahissait la honte craintive n'en avait pas conscience; son attitude était toute animale; on aurait douté qu'il fût vraiment un homme.

B. *Type malais.* — Il est absolument semblable à celui des vrais Malais qu'on voit à Singapour et à Saïgon, et il est probable que les individus de ce type, sont en effet, des Malais.

La taille est petite, les formes sont grêles, mais moins que dans le type moï. La coloration générale de la peau est brun foncé (36-37 de l'éch. chrom.), très égale sur les parties du corps couvertes et sur celles découvertes.

Le système pileux est très peu développé sur le corps, tant sur les membres que sur le tronc; il n'y a pas de poils sur le devant de la poitrine, la barbe est à peu près nulle, surtout aux joues.

Les membres inférieurs sont moins longs et moins grêles que dans le type moï, les mollets sont plus bas et plus marqués; le bras est plus musclé, et, pour cette raison peut-être, paraît moins long; la main est courte et très maigre.

La poitrine, comparée à celle des individus bruns, est plus volumineuse et moins cylindrique; la taille est très peu marquée. Ce type se rapproche de l'annamite par le teint, la taille et les formes du corps et des membres, mais il en diffère par la forme des extrémités et surtout de la tête.

Le pied est court, plat, à talon peu saillant, très élargi en avant. Ce qui lui donne son aspect caractéristique, c'est cet élargissement en avant, avec des orteils courts, tous écartés un peu les uns des autres et se terminant suivant une ligne droite et très-peu oblique, c'est-à-dire qu'une même ligne rasant la pointe de chaque orteil, du premier au cinquième, serait presque droite et presque perpendiculaire au grand axe du pied.

La tête est portée droite, sur un cou de dimensions moyennes, plutôt court que long. Le volume absolu et relatif de cette tête est un peu plus grand que dans le type moï, mais bien moins que chez les Annamites. Vu de face, le visage n'est pas losangique mais plutôt carré, quoique les pommettes soient assez fortes ; les bosses frontales sont très peu marquées et les sourcilières nulles ; le front ne se rétrécit pas vers le haut, la ligne d'implantation des cheveux est rectangulaire. La racine du nez est moins large et moins déprimée que chez les Annamites, et l'ouverture des narines est moins visible en avant.

La bouche est grande, large, à lèvres souvent très minces mais portées en avant par un prognathisme sous-nasal très accentué. Les dents sont courtes, larges et droites, le menton est moyennement fort.

Le globe oculaire n'est pas saillant ; l'ouverture des paupières est assez grande, peu ou pas oblique. L'iris a une couleur roux foncé (2,3 du tableau chrom.).

Ce qui caractérise le plus le visage malais, c'est le prognathisme sous-nasal et une maigreur constante, en quelque sorte simienne. La peau, mince et facilement ridée, est comme appliquée sur le squelette, les lèvres surtout sont minces, et quand elles s'écartent, dans le rire, par exemple, on les voit se retirer en restant comme adhérentes aux mâchoires qu'elles découvrent, ce qui donne à la physionomie un aspect tout à fait simien, qu'on ne retrouve dans aucune autre race, mais qui n'est pourtant pas absolument constant chez les Malais.

De profil, on voit un occiput presque droit, une voûte régulière presque horizontale, un front droit et peu élevé Le prognathisme se montre très considérable, portant sur le maxillaire supérieur, à la fois dans son ensemble et dans sa portion sous-nasale. Le maxillaire inférieur est un peu petit et en retrait, mais bien moins que chez les Annamites et les Chinois. Les cheveux sont comme ceux des mongoliques, noirs, gros, droits et raides, mais descendant plus bas sur le front que chez ces derniers. Les oreilles sont petites et maigres.

Ils sont brachycéphales sans exagération des bosses pariétales. Ils ont des mongoliques la chevelure, les pommettes fortes et un peu la paupière supérieure qui bride, quoique légèrement, l'angle interne de l'œil; mais ils en diffèrent par les formes de la tête et du pied, la maigreur et le prognathisme de la face, le front bas, quadrilatéral, et la fente palpébrale bien plus ouverte.

C. *Type sous-caucasique.* — Je le nomme ainsi à cause de la difficulté de lui trouver un autre nom, mais sans vouloir rien préjuger de son origine ou de sa filiation. Les individus de ce type étant en minorité, il est probable qu'on ne le rencontre jamais pur; néanmoins, quelques individus diffèrent des deux autres groupes par une somme assez forte de caractères pour révéler d'emblée un type distinct et permetttre de le décrire.

Les caractères distinctifs de ce type portent sur la taille, le teint, les cheveux, les yeux, le nez, la bouche et le menton. Ce sont eux qui ont la plus haute stature ; elle est supérieure à la taille moyenne des Français.

La peau a partout un ton plus clair que dans les deux autres groupes ; c'est une teinte brun terreux clair, bien différente du jaune sale des Annamites les plus blancs et se rapprochant beaucoup de celle des Européens hâlés ; chez les femmes propres, on ne pourrait guère ou pas du tout distinguer ce teint du nôtre. Le soleil donne aux parties découvertes le hâle plombé de nos marins.

Les cheveux sont longs et fins, jamais aussi gros, aussi noirs ni aussi rudes que chez les autres ; sur la nuque, autour du visage, ils sont très fins, ondulés, le peigne les retient mal et le vent les met facilement en désordre. Leur coloration est souvent une sorte de brun pâle terne qui surprend beaucoup, au milieu de ces populations toutes à chevelure très noire, car la teinte est parfois assez claire pour confondre presque leur coloration terreuse avec le hâle plombé du front.

Le sourcil est noir, plus arqué que dans le type moï, il est formé de poils nombreux et rapprochés et non pas de gros poils fortement distants comme chez les mongoliques.

L'insertion des cheveux autour du front est quadrilatérale plus distante des sourcils que dans le type moï. La saillie de l'arcade sourcilière est très variable, mais plus marquée que chez les autres.

L'œil est remarquable par une ouverture palpébrale bien plus large ; la paupière supérieure ne forme pas une bride à l'angle interne comme chez les Malais, et le globe est plus saillant que dans le type moï. Il est, en somme, bien ouvert, droit et non bridé. L'iris est moins noir et l'on voit autour une plus grande part de la sclérotique blanche, ce qui semble donner au regard plus de mobilité et d'intelligence.

Le nez est, dans son ensemble, plus long et plus saillant que chez tous les autres ; il est droit ; je n'ai jamais vu sa ligne dorsale ni convexe ni concave, les ailes du nez sont plus relevées et l'orifice des narines moins arrondi.

Le contour du visage est semblable au nôtre par l'absence des caractères qui distinguent d'une part les mongoliques, de l'autre le type moï; il n'a pas le grand élargissement transversal de ces derniers, et n'est nullement losangique comme chez les premiers ; c'est-à-dire que les pommettes n'offrent ni écartement ni saillie remarquables et que le volume du maxillaire inférieur est proportionné au reste de la face.

La bouche est grande, sans être saillante, ni à lèvres plates comme chez beaucoup de Malais. Une moins grande hauteur de la lèvre supérieure et un léger sillon sous-nasal partageant cette lèvre en moitié gauche et moitié droite, la distinguent encore de celle des races jaunes. Le menton n'est nullement en retrait sur le maxillaire supérieur, les arcades dentaires se correspondent bien et portent des dents droites, fortes, un peu moins courtes et larges que chez les autres.

La physionomie particulière de la face dans ce type provient surtout de ce fait, qu'elle n'est nullement aplatie et que son contour est ovalaire, mais les parties molles du visage présentent aussi quelques caractères très remarquables. J'ai déjà noté la grande ouverture palpébrale, les ailes du nez peu écartées, plus maigres et laissant mieux voir la sous-cloison.

Les lèvres ressemblent beaucoup plus aux nôtres. Chez nous, en effet, le bord libre de la lèvre supérieure n'est pas rectiligne, mais présente presque toujours sur la ligne médiane une petite saillie qui, la bouche étant fermée, se loge dans un petit sillon médian de la lèvre inférieure; cette disposition est bien plus marquée chez les Tsiams de ce type que chez leurs voisins. En outre, chez ces derniers, Annamites, Cambodgiens, la partie muqueuse de le lèvre supérieure présente une forme qui n'a pas encore été notée; aussi étroite que chez nous vers les angles de la lèvre, ce bord libre s'élargit en se rapprochant de la ligne médiane, où il acquiert une grande hauteur. L'étendue de cette surface muqueuse rosée s'agrandit ainsi au point d'être aussi étendue, et souvent plus, à la lèvre supérieure qu'à l'inférieure, ce qui n'arrive presque jamais chez nous. Il suffit d'ailleurs de regarder la plupart des photographies d'Indo-Chinois pour s'assurer que cet aspect du bord libre de la lèvre supérieure ne provient pas du renversement en haut et en avant de cette lèvre par prognathisme dentaire ou alvéolaire ; on voit, au contraire, très bien que ce bord libre offre une plus grande étendue parce qu'il est coupé plus en biseau que chez nous, autrement dit, moins directement d'avant en arrière, ou encore, moins perpendiculairement à la surface de la peau. Eh bien ! cette disposition, presque universelle en Indo-Chine (moins marquée toutefois chez les Malais), est étrangère aux individus du type que j'étudie. Il en résulte que la forme de leur bouche nous paraît tout européenne, ressemblance qui s'accentue dans les mouvements, dans le sourire surtout.

Un autre point plus singulier de ressemblance avec nous provient du lieu d'élection de l'hypertrophie adipeuse, quand le visage prend de l'embonpoint. Pour les Annamites et les Cambodgiens ce lieu d élection est surtout la région parotidienne, tandis que c'est la région sous-maxilaire pour le Tsiam de ce type. On voit ainsi chez quelques-uns d'entre eux une tendance au double menton, ce qui surpend beaucoup chez des Indo-Chinois. Les hommes ont assez souvent, surtout les vieillards, un peu de barbe aux joues et des poils sur le devant de la poitrine ; ils sont les seuls, des trois types cités, qui aient les membres un peu velus.

Les formes générales du tronc et des membres ne peuvent être indiquées d'une manière bien précise, vu la grande variabilité individuelle des caractères qu'elles fournissent. Je puis dire seulement que le thorax n'est jamais aussi subcylindrique que dans le type moï. La taille se dessine bien, la cambrure lombaire est très-marquée ; les fesses et les mollets font une très-notable saillie. Notre regretté collègue Morice avait déjà remarqué ce caractère. Les femmes paraissent avoir les seins plus écartés l'un de l'autre, ce qui indique sans doute qu'elles ont la poitrine plus large. C'est chez les individus de ce type que nous avons remarqué, sans pouvoir dire que ce caractère leur soit particulier, les extrémités les plus fortes, des pieds à la fois longs et larges, des mains grandes à ossature grossière.

En somme, les Tsiams de ce type se distinguent à la fois de deux autres types tsiams, et plus encore de tous les Indo-Chinois à traits mongoliques ; nous les regardons comme réellement étrangers à la race mongole.

TROISIÈME PARTIE

CONNEXIONS ET DIFFÉRENCES DE RACE AVEC LES PEUPLES VOISINS.

Conclusions relatives aux Tsiams et aux Sauvages bruns. — A quelle race, à quel rameau, ou à quelles populations connues doit-on rattacher les Tsiams ?

Il faut évidemment une réponse pour chacun des types que nous avons reconnus chez eux. Voici nos solutions :

1° Les Tsiams du type moï appartiennent au grand groupe peu homogène des noirs à cheveux lisses, indo australiens.

2° Les Tsiams du type malais sont de vrais Malais.

3° Les Tsiams du type sous-caucasique sont analogues aux Battaks, Dayaks et Bouguis de la Malaisie.

Ces assimilations que je vais tâcher de justifier, parc qu'elles ont un certain intérêt local, qu'elles sont nouvelles et en contradiction avec quelques hypothèses connues, me conduiront très directement à quelques remarques sur des questions bien plus intéressantes, parce qu'elles sont plus générales (Indo-australiens, Malais, Blancs allophyles), er que les savants les plus éminents ont été amenés à donne sur elles leur opinion.

I. — *Type moï et Sauvages noirs à cheveux lisses de l'Indo-Chine.* — L'Indo-Chine a eu la fortune de devenir accessible aux Européens à une époque (1860) où les études anthropologiques attiraient déjà beaucoup l'attention ; il en est résulté que les hypothèses ont précédé les données positives et sont encore plus nombreuses que ces dernières. Celles-ci se réduisent, en effet, aux données nombreuses et pleines d'intérêt, mais souvent un peu vagues, fournies par la Commission d'exploration du Mé-Kong, et aux mensurations d'Annamites communiquées par notre collègue M. Mondière. (1) Elles s'enrichiront bientôt, nous l'espérons, des résultats scientifiques du voyage de notre courageux collègue le docteur Harmand (2) qui, en 1877, a visité, entre la rive gauche de Mé-Kong et la frontière annamite, plus de 10 tribus ou groupes sauvages inconnus, a dessiné, mesuré un certain nombre de ces indigènes et rapporté des crânes et des squelettes.

Je ne m'aventurerai donc pas à généraliser ce que l'observation des Sauvages de la partie la plus méridionale de la péninsule a pu m'apprendre ; je veux seulement combattre des hypothèses qui ont été vulgarisées et qui, dès à présent et bien que n'ayant pas encore été attaquées, me paraissent inadmissibles.

1° *Les Sauvages bruns ne proviennent pas des Négritos par métissage avec la race jaune.* — La première raison que j'opposerai à cette théorie est qu'il n'y a pas de Négritos en Indo-Chine, la seconde est qu'il est douteux que le mélange des races jaune et négrito ait nulle part donné naissance à des races métisses noires à cheveux lisses.

(1) Mondière. In Bulletin de la Société d'anthropologie. Février, 1874.

(2) Harmand. Le Laos et les populations sauvages de l'Indo-Chine. Tour du Monde 1879.

A. *Il n'y a pas de Négritos en Indo-Chine.*— M. Hamy (1) avait supposé leur présence d'après le témoignage de Chapman, qui parle de « Sauvages fort noirs ayant tous les traits des Cafres », d'après Maury, de Rosny, Jacquinot, qui voient des Papous dans cette région ; et l'un des auteurs de l'art. Cochinchine du Diction. encycl., M. Layet (2), écrit : « Ces peuplades nègres sont en tout semblables à celles que l'on trouve dans l'intérieur de la presqu'île de Malacca. Parmi ces dernières, les Samangs seuls appartiennent au type négrito pur. » Or aucun voyageur, ni Garnier, ni Thorel, ni Mouhot (3), ni les missionnaires (4), n'ont jamais vu de cheveux laineux dans cette région. Pour mon compte, ayant vu des Sauvages en trois points assez distants, je n'ai rencontré chez eux que des cheveux droits ou légèrement ondés. Enfin le Dr Harmand a bien voulu me déclarer que, dans son tout récent voyage au Laos, il n'avait trouvé aucune trace de la race négrito.

Je crois que la présence de cette race avait été supposée pour expliquer l'existence et l'origine des nombreux Sauvages bruns à cheveux lisses qui, de la pointe sud de l'Indo-Chine jusqu'aux frontières de la Chine, habitent la vaste région montagneuse interposée entre les pays laotien et annamite. C'était pour répondre à la théorie qui fait sortir les noirs à cheveux lisses du métissage des noirs laineux avec les races jaunes, théorie déjà appliquée par MM. de Quatrefages et de Rochas aux noirs de l'Inde, aux Endamènes de la Malaisie et même aux Australiens. M. de Ro-

(1) Hamy. Coup d'œil sur l'anthropologie du Cambodge. Paris, 1871

(2) Layet. In Archives de médecine navale, 1878.

(3) Mouhot. Voyage dans les royaumes de Siam, du Cambodge et de Laos. Tour du Monde, 1863.

(4) Voir Les Sauvages Bannâis, par l'abbé Dourisboure, Paris.

chas écrit en effet (1) : « Les nègres fuligineux à cheveux lisses qu'on a quelquefois nommés Endamènes sont une race mixte qu'on trouve aux Philippines et dans quelques îles de la Malaisie... et surtout en Australie, où ils formen la masse de la population. » Ils sont, pour lui, une race métisse de jaunes et d'Aétas laineux, et ces Aétas, branche négrito, proviendraient de Moundas primitifs, souche eux-mêmes des noirs actuels de l'Inde par un semblable métissage avec les races jaunes dravidiennes. « Il est permis de conjecturer que les anciens Moundas, poussés par les flots pressés des envahisseurs dravidas, puis aryas, sont descendus par la péninsule de Malacca dans l'Archipel Indien, d'où ils se sont répandus ensuite dans la Malaisie et dans l'Australie (2). »

Les faits contraires à cette théorie peuvent être groupés de manière à lui constituer une objection sérieuse.

B. *Il n'est prouvé, pour aucune contrée, qu'une race de noirs à cheveux lisses soit sortie d'un mélange des races nègres laineuses avec la race jaune.*

Quelles sont, en effet, les contrées habitées par des noirs à cheveux lisses? En dehors de l'Afrique, elles sont au nombre de quatre : l'Inde, l'Indo-Chine, la Malaisie et l'Australie. Il faudrait pour les besoins de la théorie que je combats, ou bien que dans chacune de ces régions on trouvât à la fois des jaunes et des noirs laineux, ou bien que l'on démontrât la formation de la race mixte dans l'une de ces régions et sa migration vers les autres. Or, des quatre régions citées, une seule, la Malaisie, contient à la fois des jaunes et des noirs laineux; dans l'Inde les

(1) De Rochas. Article Malaisie du Dict. encycl.

(2) Même article

cheveux laineux sont très contestés ; en Australie, ceux qu'on a vus paraissent appartenir à des Papous d'introduction récente ; enfin en Cochinchine on n'en a pas rencontré. Reste la formation de cette race dans l'Inde et sa migration dans l'Archipel malais et en Australie. D'abord, la possibilité de la formation de cette race par métissage est-elle établie par des exemples ? Les nombreux cas de métissage que présentent les races humaines sur tout le globe ont-ils quelque part donné naissance à une race stable, permanente, dont les éléments formateurs soient aussi distincts, aussi éloignés que le type jaune et le type négrito ?

Je me contenterai de faire les remarques suivantes :

1° Les races blanches d'Europe n'ont pas encore, avec les races d'Afrique, bien que mêlées en certains points depuis deux siècles, donné naissance à une race croisée manifestement stable, exemple : les Antilles et le Sénégal. Dernièrement M. Bérenger-Féraud (1) établissait qu'au Sénégal, les descendants d'un blanc et d'une négresse ne se perpétuent pas au-delà d'un très petit nombre de généralisation.

2° Le type jaune et les types noirs océaniens sont, par quelques caractères, plus distants des uns des autres que les races blanches d'Europe des nègres d'Afrique. Je citerai la forme du cheveu et l'indice orbitaire. On sait que le cheveu mongol et le cheveu laineux sont les deux extrêmes et que celui des races blanches est intermédiaire. De même pour l'indice orbitaire, à propos duquel le travail de M. Broca (2) révèle des faits d'une grande importance.

(1) **Bérenger-Féraud.** Voir Revue d'anthropologie 1879.
(2) **Broca.** Sur l'indice orbitaire. Revue d'anthrop., 1875.

Cet indice « éloigne les nègres des races jaunes, surtout les nègres d'Océanie, qui donnent ici la main aux Australiens, comme pour répudier toute alliance avec elles (1) ».

Enfin, en supposant une race noire leiotrique (pour me servir du mot de Bory de Saint-Vincent) formée dans l'Inde, sa migration est-elle prouvée ? Je me bornerai, en considérant le point extrême de cette migration supposée, l'Australie, à remarquer, avec M. Broca, que le continent australien paraît avoir été isolé de toute terre depuis des temps géologiques fort anciens ; sa faune et sa flore datent de l'époque tertiaire, les hommes qu'il porte n'ont aucun souvenir de migration et ne savent pas naviguer. Les autres raisons qui doivent faire considérer les Australiens comme vraiment autochtones sont admirablement résumées par M. Bertillon (2) : « On n'oubliera pas qu'ils ne connaissent ni les métaux, ni l'agriculture, ni les animaux domestiques, ni l'arc, et l'on ne s'efforcera pas de les faire dériver de populations ayant quelques-unes de ces connaissances depuis un temps immémorial. »

Cette discussion peut se résumer ainsi :

1° Il n'est pas certain qu'une race stable, noire, à cheveux lisses, puisse prendre naissance par le mélange des races jaunes et des races noires laineuses ;

2° Dans les contrées où habitent des noirs leiotriques, il arrive qu'on ne retrouve qu'une des races supposées formatrices (Inde, Indo-Chine) ou même aucune d'elles (Australie) ;

3° Il n'est pas prouvé qu'une telle race formée dans l'Inde ait émigré vers les autres régions.

(1) Topinard. L'anthropologie. Paris, 1877.
(2) Bertillon. Article Australie du Dict. encycl.

2° *Aucune des tribus noires sauvages n'est de race aryenne et ne représente les débris d'un ancien peuple cambodgien supposé aryen.*

Dix tribus cependant sont supposées aryennes (Stiengs, Bannars, Rodés, Cuys, etc.). Ainsi le voudrait une hypothèse, née des découvertes linguistiques de Janneau (1) émise par M. Hamy (2), adoptée par les auteurs de l'article Cochinchine du Dictionnaire encyclopédique et reproduite dans nombre d'écrits. Elle est, au premier aspect, séduisante ; qu'on en juge : Un ou deux siècles avant notre ère, des guerriers aryens quittent l'Inde et débouchent dans la péninsule indo-chinoise ; ils rencontrent, dans le nord de cette région, un grand royaume de peuples mongoliques, les Thaïs, comprenant aussi les Shans, les Pa-y, les Laos ; ils les dispersent et vont, plus au sud, fonder le royaume aryen des Khmers, parlant une langue sanscrite et adorant Brahma. Ce peuple, devenu très puissant, construit la grande capitale et les temples magnifiques dont nous admirons les ruines ; puis il disparaît brusquement, à une époque mal déterminée entre la fin du XIIIe siècle et le XVIe. C'est que les Thaïs se sont rapprochés et que, seuls ou avec des auxiliaires, et peut-être des phénomènes naturels aidant (inondations, changement de niveau du sol), ils ont à leur tour triomphé des Aryens et les ont dispersés. Les vaincus, chassés du centre de leur pays, et ne pouvant fuir vers le nord par où viennent les conquérants, se sont répandus en demi-cercle à l'ouest, au sud et à l'est. « En résumé, écrit M. Hamy, autour de notre colonie sont groupées en demi-cercle à peu près complet des tribus qui doi-

(1) Janneau. Manuel pratique de langue cambodgienne.
(2) Coup d'œil sur l'anthropologie du Cambodge.

vent être rattachées aux races aryennes. Maintenues à l'état de pureté presque complète en certaines localités par l'isolement dans lequel les avaient jetées de grandes perturbations politiques, elles ont subi en d'autres points excentriques aux précédents, par rapport à Saïgon, des altérations plus ou moins considérables. » L'auteur ne cite pas moins de dix de ces tribus et écrit même que ces populations aryennes « semblent jouer dans la formation des populations métisses de cette colonie (Cochinchine) un rôle assez important ».

Les bases de cette hypothèse sont assez fragiles. L'auteur s'appuie sur quelques passages empruntés aux récits de Mouhot, de Thorel, de Larclause et sur les opinions de Janneau. De ces quatre auteurs, les deux premiers avaient, en réalité, sur le point en question, des idées bien différentes de celle que s'est faite M. Hamy ; il me suffira pour le prouver de les citer textuellement. Mouhot est invoqué à l'appui, parce qu'il a trouvé le type aryen représenté dans les statues d'Angcor, l'ancienne capitale du Cambodge, et parce qu'il a trouvé aux sauvages Stiengs « des traits généralement réguliers, d'épais sourcils et une barbe assez bien fournie ». Mais la pensée que ces Stiengs pourraient être des Aryens est bien loin de lui, car il écrit : « Les sauvages Stiengs qui habitent ce pays sont probablement de la même souche que les tribus des plateaux et montagnes qui séparent les royaumes de Siam et du Cambodge de celui de l'Annam. Ils forment autant de communautés que de villages et semblent être d'une race bien distincte de tous les peuples qui les entourent. Pour moi, je suis porté à les croire aborigènes. »

Je suis encore plus étonné de voir M. Thorel cité à l'appui. Ce voyageur a rencontré, en effet, des peuplades à traits caucasiques, les sauvages Lolos dont M. Hamy cite tout au long la description; mais ce n'est pas au Cambodge que Thorel les rencontra, c'est loin, très loin de ce pays, à douze degrés plus au nord, au delà du Laos, dans le Yunnan et le Se-tchouen, provinces chinoises. Il les fait entrer comme facteur dans la formation des populations chinoises, et non dans celle des Cambodgiens. Ces derniers sont pour lui des mongoliques très mêlés avec les Sauvages noirs qu'il appelle océaniens.

De Larclause (1) est encore cité Cet officier, dans une tournée militaire, rencontre un village de Stiengs et remarque qu'ils sont grands, sveltes et ressemblent aux Indiens. Je pense comme lui, mais les Indiens dont il parle ne sont pas des hommes de race blanche ; il compare les Stiengs à ces hommes que tout le monde en Cochinchine appelle Indiens, Malabars, et qui sont, au point de vue de la race, des noirs de l'Hindoustan, de la caste des Parias ou des Soudras.

Reste le témoignage de Janneau. Celui-ci est très positif. Janneau, entraîné par l'enthousiasme de sa découverte de la parenté avec le sanscrit de la langue cambodgienne officielle, n'hésite pas à voir des Aryas dans ceux qui la parlent; il en voit même dans quelques-unes des peuplades sauvages qui entourent le Cambodge, et, comme ces pauvres sauvages alimentent le marché d'esclaves de la capitale cambodgienne, il s'indigne contre cette « traite des blancs » exercée par « des bâtards de sang mongol ». Mais Janneau n'était nullement naturaliste, et il n'est pas le premier linguiste qui ait confondu la parenté de langue avec celle de race, ou plutôt, conclu témérairement de l'une

(1) De Larclause. Une tournée chez les Moïs de la Cochinchine. In Revue maritime et coloniale, 1864.

à l'autre. Ainsi a-t-on fait, au début, pour la vaste agglomération des races étendues du Gange à la Tamise, qui furent englobées sous le nom de race indo-germaine, race japhétique, et dans lesquelles les travaux des anthropologistes français surtout, notamment ceux de M. Broca, ont appris à distinguer des types fort divers, et même des témoins de races préhistoriques.

Pour m'en tenir à la prétendue origine aryenne des Cambodgiens, je vais montrer que les contradictions ne manquent pas. Les statues des vieux monuments reproduisent, avait-on dit, le type aryen. Oui, peut-être, quand elles représentent les divinités brahmaniques, Civa, Indra, Rama, etc.; mais les nombreux *bouddha* eux-mêmes n'ont plus ce type, et ceux qui ont vu ces statues sont loin d'être d'accord dans leur appréciation. Pour les voyageurs du XVIe siècle, elles rappellent les sculptures du temps d'Alexandre le Grand, pour Richard (1), celles de l'Assyrie ; Mouhot, qui voit le type aryen le plus pur dans la statue du roi lépreux, trouve aussi « des traits frappants de ressemblance avec les Stiengs ». Enfin, une commission de membres de la Société d'anthropologie, chargée d'examiner, au Musée des colonies, les sculptures rapportées par de Lagrée, a trouvé : plusieurs figures d'aspect aryen, des profils qui paraissaient mongols et négroïdes, d'autres « différant des Hindous par plusieurs particularités propres aux Sauvages de l'est, longue barbe, cheveux nattés retombant jusque sur les épaules ; ils portent pour costume un étroit langouti, et, chose caractéristique, on leur voit entre les mains les armes et les instruments de musique des *gens du haut* ». *Gens du haut* est le nom que se donnent à eux-mêmes les sauvages Stiengs.

(1) Richard. In Revue maritime et coloniale, 1867.

Comme nous, Garnier, explorateur de l'Indo-Chine, se refuse à voir du sang aryen dans la population cambodgienne. Il écrit : « L'aspect de la race cambodgienne actuelle exclut toute idée qu'aucune proportion notable de sang aryen ait jamais été infusée dans ses veines. »

Enfin, en supposant, ce qui est une question à débattre entre historiens, que le Cambodge ait été, politiquement et par une aristocratie peu nombreuse, un royaume aryen, il n'en serait pas moins impossible de voir dans les Sauvages bruns, ou autres, des débris de cette minorité aryenne. Leur type s'y oppose, mais il y a encore d'autres raisons.

Comment seraient-ils les descendants d'une race instruite, puissante et guerrière, dispersée seulement depuis cinq siècles, ces pauvres sauvages qui ignorent toute écriture, qui n'ont aucun souvenir d'être jamais venus d'ailleurs, qui n'ont jamais rien construit avec la pierre, et qui semblent si bien adaptés au sol qu'ils habitent, que le quitter, pour eux, c'est mourir ? Comment seraient-ils des fils de guerriers, ces Stiengs si doux et si timides, qui ne frappent jamais ni un homme, ni un enfant, ni un esclave, ni même une femme, et qui demandent pardon à l'âme des bêtes qu'ils ont tuées ? Faut-il voir des Aryens chez ces Bannârs cités aussi comme tels, qui ont la même manière de vivre tout élémentaire, qui peuvent à peine compter jusqu'à dix, que les missionnaires renoncent à évangéliser, non qu'ils soient indociles, mais parce que rien ne reste dans leur esprit, et qui se liment les dents incisives pour ne pas ressembler aux singes ?

En résumé, pour nous, il n'y a pas de tribu sauvage aryenne, et il n'y a pas lieu de rechercher ce que serait

(1) Garnier. Voyage d'exploration du Mè-Khong, p. 110.

devenue une ancienne population aryenne du Cambodge, parce qu'une telle population, ou n'a jamais existé au Cambodge, ou n'y constituait qu'une infime minorité.

II. *Tsiams du type malais.* — Ces Malais, incorporés dans le peuple Tsiam, ont-ils fait partie de ce peuple de tous temps, ou proviennent-ils d'une émigration relativement récente de Malais des îles vers le continent? La première hypothèse, qui n'est pas celle accréditée jusqu'à ce jour, paraîtra plus vraisemblable, si on adopte, relativement à l'origine de la race malaise, la théorie de Maury (1), qui la fait venir du nord de l'Indo-Chine, plutôt que celle de Marsden, qui la fait venir de Sumatra ; et cette théorie de Maury reçoit une confirmation par ce fait, que les Malais du continent sont plus nombreux qu'on ne l'avait supposé jusqu'ici.

III. *Tsiams du type sous-caucasique.* — Étant admis comme réel, ce qui est le point de vue le plus nouveau de cette étude, qu'il existe dans le peuple tsiam un type sous-caucasique, il reste à chercher à quelle famille il se rattache. Les raisons pour lesquelles je le rapproche des Dayaks de Bornéo, des Battaks de Sumatra et des Bouguis de Célèbes sont les suivantes :

1° Les caractères différentiels par lesquels ces peuples se distinguent des vrais Malais (taille, couleur, chevelure, traits), tels que les donne Van Leent (2), sont pour ainsi dire exactement ceux que j'avais remarqués chez les Tsiams.

2° On ne peut s'étonner qu'une population qui se ren-

(1) Maury. La terre et l'homme.

(2) Van Leent. Géographie médicale des Indes néerlandaises. In Archives de médec. navale, 1874.

contre dans toutes les grandes îles malaises existe aussi sur la partie du continent voisine de ces îles.

3° On s'en étonnera moins encore si l'on remarque qu'ici comme là, elle est mêlée à des Malais et qu'un grand nombre de coutumes essentielles se rapportant à l'alimentation, à l'habitation, au vêtement et à la guerre, sont communes.

Il n'est d'ailleurs pas impossible de supposer que ce type soit représenté en d'autres points de cette péninsule indo-chinoise encore imparfaitement connue. On peut lui rattacher hypothétiquement les sauvages Giaraï. Cette peuplade a eu certainement de nombreux rapports avec les Tsiams; c'est chez elle que se trouverait encore, suivant la tradition, le fameux sabre de la légende tsiam que j'ai rapportée d'après Janneau ; ils parlent une langue que les Tsiams comprennent ; enfin, on aurait vu chez eux des individus à peau relativement blanche et à traits caucasiques (Mouhot).

Conclusions relatives à l'ensemble des peuples de l'Indo-Chine

Après avoir combattu quelques points de détail des opinions émises jusqu'à ce jour sur les races de l'Indo-Chine, j'ai peut-être le devoir d'exposer à la critique les idées qu'ont fait naître en moi deux ans de séjour dans le pays qu'elles habitent et la fréquentation constante de plusieurs d'entre elles, et de dire quel choix j'ai fait dans les opinions des savants anthropologistes.

L'Indo-Chine, au sud du Yunnan, renferme huit groupes de populations notablement distinctes par le type physique, mais présentant aussi de nombreux rapports les unes avec les autres, et que je rangerais volontiers ainsi qu'il suit d'après les affinités que je leur suppose :

I. Laotiens et Siamois.

II. Annamites, Birmans, Malais et Tsiams du type malais.

III. Cambodgiens, Sauvages bruns et Tsiams du type moï.

IV. Tsiams du type sous-caucasique, et, par hypothèse, les Giaraï.

Je vais tâcher de justifier ces rapprochements.

I. *Laotiens et Siamois.*—Cette première série présente au maximum les caractères mongoliques, mais je crois volontiers avec Maury que le sang mongol y est uni à celui des populations sauvages peu connues du sud de la Chine Laotiens et Siamois parlent à peu près la même langue (Mouhot) ; ils sont les derniers mongoliques venus dans la péninsule ; leur avant-garde, les Siamois, ont quitté de bonne heure la vallée du Mékong pour celle du Meinam, et sont restés moins de temps en contact avec les populations sauvages brunes qui ont modifié et altèrent encore tous les jours la race laotienne.

II. *Annamites, Birmans, Malais.* — Malgré leur éloignement géographique les uns des autres, malgré leurs différences de langue et de type, je ne suis pas le premier à créer entre eux un rapprochement. Maury rapproche les Birmans des Malais, Thorel et Harmand sont frappés de la ressemblance des Annamites et des Birmans ; Bouillevaux, enfin, de celle des Annamites et des Malais. Ces trois derniers auteurs n'ont été conduits à cette appréciation par aucune théorie et n'en ont fait aucune pour expliquer cette ressemblance. La première idée de celle que je vais proposer se trouve dans Maury, faisant remarquer qu'à mesure qu'on observe plus au sud les populations mongoliques, leur taille s'abaisse et leur teint brunit ; j'ajouterai que les caractères mongoliques s'atténuent, que la brachycéphalie reste constante et les cheveux parfaitement droits et lisses. Le savant auteur explique ce fait par le mélange de la race mongole avec une race australienne qu'il ne sépare pas nettement des races laineuses. Comme lui, je pense que ces populations mongoliques se sont mêlées à une race noire, mais qui n'était ni papoue ni négrito, puisque les cheveux sont restés lisses, ni australienne, puisque la brachycéphalie est restée très forte.

Je suppose donc une certaine fraternité entre les Annamites, les Birmans et les Malais, par le sang mongol d'abord, puis par celui d'une même race brune, de petite taille, brachycéphale et à cheveux lisses. Des représentants d'une race pareille existent-ils parmi les sauvages actuels de l'Indo-Chine ? M. Harmand nous l'apprendra peut-être; mais je me hâte de dire que, malgré cette parenté supposée, les Annamites sont très-différents des Malais. Chez les premiers, les caractères mongoliques dominent; c'est le contraire chez les Malais, qui portent au plus haut point l'empreinte du type auquel ils doivent d'être plus petits, plus bruns, plus prognathes, avec une face très-peu losangique et des yeux presque horizontaux.

Dans cette hypothèse, les Malais viendraient du nord de la péninsule, comme pour Maury ; émigrés les premiers vers le sud, ils sont restés longtemps en contact avec la race brune supposée. La découverte faite tout récemment par M. Harmand, d'un petit peuple de Malais, les Rœdès, au sud du Laos, et la présence de nombreux Malais dans la population tsiam, confirment l'idée de Maury, en montrant que cette race n'est pas confinée dans les îles de l'Archipel, mais qu'elle est très largement représentée sur le continent.

III. *Cambodgiens, Sauvages bruns et Tsiams du type moï.* — Les Cambodgiens ressemblent à la fois aux autres races mongoliques et aux Sauvages bruns. Ils sont les plus bruns de tous les Indo-Chinois, ceux qui ont les yeux les moins obliques, et, chose remarquable, les seuls qui présentent parfois dans la coloration de la peau une teinte rougeâtre ou orangée qu'on a signalée chez les Sauvages. Je remarquerai encore que ce peuple dont on a exalté le degré de civilisation ancienne paraît n'avoir dépassé à aucune époque un état de féodalité demi barbare ; les Annamites les considèrent comme très inférieurs à eux, et en donnent pour preuve ce fait, que le Cambodgien n'a pas de nom de famille. Cet argument a bien sa valeur. De plus, Thorel a observé chez les Cambodgiens une étrange facilité, ou plutôt, une tendance prononcée à retourner à la vie sauvage, en allant vivre dans la forêt ; enfin, pour dire toute ma pensée, je crois que la déchéance rapide du royaume Khmer doit être expliquée par l'infériorité de la race et son inaptitude à se maintenir à un degré même moyen de civilisation. Quant à la part de sang mongol très manifeste chez eux, ils la doivent soit aux Laotiens, soit peut-être aux Malais, ou à ces deux races ; race mixte, ils auraient pris naissance dans l'Indo-Chine même.

Les Sauvages bruns, dont le sang, pour nous, domine chez les Cambodgiens, sont, jusqu'à ce jour, les populations les moins connues de la péninsule, et ce n'est pas faire un grand pas dans leur connaissance, que d'établir, comme j'ai tenté de le faire, qu'ils doivent être rangés à côté des noirs de l'Inde, des Endamènes de la Malaisie et des Australiens, car cette grande division comprend sans doute des races très diverses. Dans l'Inde, il y a des tribus de grande taille, d'autres de très petite stature; les unes sont très velues, les autres glabres; et dernièrement, M. Callamand, étudiant des crânes de Maravars, trouvait qu'ils sont d'un type spécial bien différent de celui de l'Australien. Ces races noires paraissent être multiples à Ceylan, elles le sont peut-être aussi dans l'Indo-Chine.

IV. *Tsiams du type sous-caucasique.* — En rapprochant des Battaks et des Dayaks cette fraction des Tsiams, j'augmente simplement d'un exemple nouveau la liste de ces populations de parenté douteuse, d'origine très obscure. Elles ont été reliées aux Sauvages du sud de la Chine, Man-tsé, Miao-tsé, Lolos et aux types supérieurs de la Polynésie, sous l'appellation de Blancs *allophyles*, mot imaginé par Prichard et adopté par M. de Quatrefages. Si ces populations étaient toutes identiques, on pourrait en faire une race blanche orientale, mais n'est-il pas plus probable qu'elles sont les débris de races fort anciennes et différentes les unes des autres, comme le furent dans notre Occident les races préhistoriques?

Mon programme est rempli. Je me suis proposé d'attirer l'attention des savants et des voyageurs sur quelques questions de détail, relatives à l'histoire naturelle de l'homme en Indo-Chine. Je demande l'indulgence pour les idées émises et pour les objections présentées; et je souhaite presque autant de les voir contredites que confirmées, parce que, dans une science positive, un argument nouveau est toujours l'expression logique d'une acquisition nouvelle.

Paris. — A. PARENT, imp. de la Faculté de Médecine, r. M.-le-Prince, 29-31

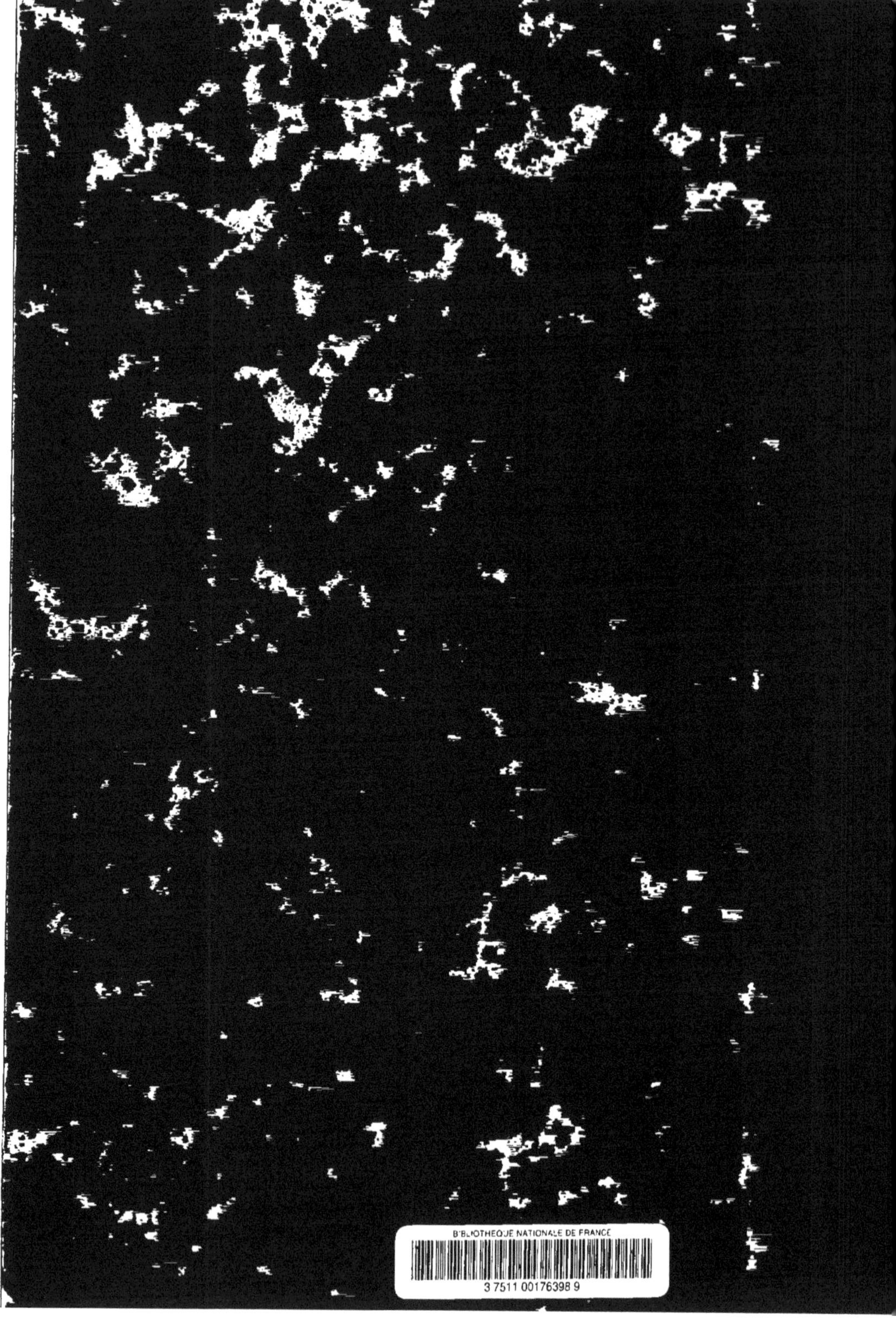

BIBLIOTHEQUE NATIONALE DE FRANCE
3 7511 00176398 9

www.ingramcontent.com/pod-product-compliance
Ingram Content Group UK Ltd.
Pitfield, Milton Keynes, MK11 3LW, UK
UKHW022138190726
13855UKWH00003B/1212

9 782013 416832